BEI GRIN MACHT SICH IHR WISSEN BEZAHLT

AF131307

- Wir veröffentlichen Ihre Hausarbeit,
  Bachelor- und Masterarbeit

- Ihr eigenes eBook und Buch -
  weltweit in allen wichtigen Shops

- Verdienen Sie an jedem Verkauf

Jetzt bei www.GRIN.com hochladen
und kostenlos publizieren

Andreas Noack

Der Fernbus als Konkurrent zur Bahn

Zielgruppe Studenten: Entscheidungsmerkmale und Präferenzen

GRIN Verlag

Bibliografische Information der Deutschen Nationalbibliothek:

Die Deutsche Bibliothek verzeichnet diese Publikation in der Deutschen National-bibliografie; detaillierte bibliografische Daten sind im Internet über http://dnb.d-nb.de/ abrufbar.

Impressum:

Copyright © 2013 GRIN Verlag GmbH
Druck und Bindung: Books on Demand GmbH, Norderstedt Germany
ISBN: 978-3-656-43862-5

Dieses Buch bei GRIN:

http://www.grin.com/de/e-book/214499/der-fernbus-als-konkurrent-zur-bahn

GRIN - Your knowledge has value

Der GRIN Verlag publiziert seit 1998 wissenschaftliche Arbeiten von Studenten, Hochschullehrern und anderen Akademikern als eBook und gedrucktes Buch. Die Verlagswebsite www.grin.com ist die ideale Plattform zur Veröffentlichung von Hausarbeiten, Abschlussarbeiten, wissenschaftlichen Aufsätzen, Dissertationen und Fachbüchern.

Besuchen Sie uns im Internet:

http://www.grin.com/

http://www.facebook.com/grincom

http://www.twitter.com/grin_com

Universität Passau
Feldforschungsprojekt

WS 2012/2013

Der Fernbus als Konkurrent zur Bahn
Zielgruppe Studenten:
Entscheidungsmerkmale und Präferenzen

Name: Andreas Noack

Studiengang: Master – Geographie: Kultur, Umwelt und Tourismus

Inhaltsverzeichnis

1. Einleitung

Aufgrund der Gesetzesänderung des Personenbeförderungsgesetztes, wirksam ab 01.01.2013, hat sich die Situation auf dem innerdeutschen Reisemarkt nachhaltig verändert. Fernbusse, denen es zuvor nicht erlaubt war, längere Strecken innerhalb der Bundesrepublik anzubieten, haben nun kaum mehr gesetzlichen Einschränkungen zu befürchten. Ausnahmen sind Strecken bis 50km oder Strecken mit einer Fahrzeit von weniger als einer Stunde.

Da der historisch bedingte gesetzliche Schutz der damaligen Reichsbahn nun aufgehoben wurde, öffnet sich mit den Fernbussen ein weiterer Markt. Das zusätzliche Angebot auf dem Reisesektor schafft Konkurrenz und könnte für einige Zielgruppen, wie z.B. Studenten eine willkommene Alternative darstellen.

Welche Auswirkungen würde dieses zusätzliche Angebot auf den bisherigen „Platzhirsch", die deutsche Bahn mit ihren ca. zwei Milliarden Fahrgästen haben? Welche Kriterien sprechen für die Wahl des Fernbusses als Verkehrsmittel und welche dagegen? Wie kommt das neue Angebot bei der Zielgruppe der Studenten an? Fragen wie diese bildeten den Forschungsansatz.

2. Darlegung des Forschungsprozesses

Zunächst galt es sich via Recherche einen Überblick über die aktuelle Situation zu verschaffen. Unter anderem waren Informationen, wie die Anzahl und Eigenschaften der Anbieter, deren Angebot und Strategien, sowie Artikel und Interviews über den Vergleich mit der Bahn sehr wichtiges Recherchematerial. Aufgrund der Aktualität dieses Themas, ließen sich keine Informationen aus Büchern ziehen, sodass ich mich auf die Onlinerecherche beschränken musste. Da diese Thematik jedoch momentan eine sehr hohe Popularität in den Medien genießt, war neben einer Vielzahl von Artikeln und Berichten, sogar umfangreiches Videomaterial zu finden. Somit mangelte es keineswegs an Quellen. Allerdings benötigte ich einige spezifische Informationen eines Fernbusanbieters, um bei bestimmten Kriterien die Vergleichbarkeit zur Bahn herstellen zu können. Hierzu kontaktierte ich das Unternehmen deinBus.de via Email, um die fehlenden Informationen anzufragen. Leider war es ein sehr langwieriger und zäher Prozess, bis ich endlich die notwendigen Angaben zugesandt bekam. Diese Verzögerung beeinträchtigte meine Arbeit, wodurch sich mein Präsentationstermin zwangsweise nach hinten verlagerte.

Für die lückenlose Gegenüberstellung der Entscheidungskriterien, wollte ich auf diese Informationen nicht verzichten. Dadurch werden die Vorteile des jeweiligen Verkehrsmittels

deutlich ersichtlich. Natürlich haben diese Kriterien, je nach Zielgruppe einen unterschiedlich starken individuellen Nutzen.

Gegenstand meiner Untersuchung war die Kundengruppe der Studenten. Um deren Präferenz und Meinungsbild zu erfahren, führte ich eine Onlineumfrage durch. Diese umfasste 13 Fragen. Der Befragungszeitraum belief sich auf 4 Wochen. Ausgehend von der Zielgruppe der Studenten, wandte ich mich in erster Linie an verschiedene studentenrelevante Facebookseiten (z.B. Campus Radio Uni Passau, Universität Freiburg, Universität Leipzig, etc.), auf denen ich einen Link zum Fragebogen platzierte. Schließlich wurde dieser 138-mal aufgerufen und davon 106-mal komplett und auswertbar ausgefüllt. Diese ausreichend hohe Teilnehmerzahl ließ sich ein durchaus aussagekräftiges Meinungsbild zu. Nun war es wichtig, die Ergebnisse sorgfältig auszuwerten und verständlich darzustellen. Schließlich folgten die Interpretation und ein Fazit (Plakat), in dem die wichtigsten Erkenntnisse festgehalten wurden.

3. Methodenreflexion

Das Thema wurde zum einen von der theoretischen Seite angegangen, indem umfangreich recherchiertes Material ausgewertet und dieses auf die wesentlichen themenrelevanten Fakten reduziert wurde. Zum anderen wurde das Thema empirisch untersucht, durch die Befragung eines aussagerelevanten Teils des Kundenspektrums.

Durch die Onlinerecherche wird man diesem Thema vor allem hinsichtlich seiner Aktualität gerecht. Darüber hinaus lässt sich aus den zahlreichen verschiedenen Berichten, mit jeweils unterschiedlichen Schwerpunkten, fundiertes Fachwissen gewinnen. Interviews mit Branchenexperten und kurze Videoberichte über die Fernbusunternehmen und ihre Gründer, waren sehr gut für detailliertere Informationen geeignet. Die anschließende Reduzierung auf die relevanten Entscheidungskriterien, bei der Auswahl von Bus oder Bahn macht für den Adressaten (Betrachter des Plakats) das Wesentliche unmittelbar ersichtlich.

Die dazugehörige Umfrage reflektiert, inwiefern diese Kriterien (vor allem Preis und Fahrtdauer) für die Zielgruppe der Studenten, Entscheidungsrelevant sind.

Mit dieser Methode konnte die Theorie durch die Umfrage empirisch untersucht werden, wodurch sich interessante Erkenntnisse gewinnen ließen.

4. Interpretation der erhobenen Daten

Die Entscheidungskriterien wurden unter anderem aus Gründen der Übersichtlichkeit in Kategorien, wie z.B. Komfort zusammengefasst. Bei jedem einzelnen Punkt wurden die jeweiligen Werte bzw. Merkmale der Bahn denen des Fernbusses gegenüber gestellt. Das, im Sinne des Kunden positivere Ergebnis, wurde auf dem Poster mit einem grünen Haken versehen, das schlechtere mit einem roten Kreuz. Dadurch ist das Resultat dieser Ergebnisinterpretation auf einen Blick für den Adressaten ersichtlich.

Bei zwei Kriterien, unter anderem bei „Snacks und Drinks", wurde dieses Vorgehen nicht angewandt. Da keines der beiden Merkmalsausprägungen einen eindeutigen Vorteil gegenüber dem anderen aufweist, beziehungsweise die Vergleichbarkeit nicht gegeben ist.

Zu den vermeintlichen Hauptkriterien gehören sicherlich Preis und Fahrtdauer (auch Hauptteil der Befragung). Hier lässt sich festhalten, dass der Fernbus beim Kriterium Preis meist deutlich (oftmals über 50%) günstiger ist als die Bahn. Allerdings zeigt sich bei der Fahrtdauer ein gegenteiliges Bild. Dort ist die Bahn in der Regel das schnellere Verkehrsmittel. In einer weiteren Kategorie, dem Streckenangebot, lässt sich erkennen, weshalb sich die Bahn jährlich über knapp zwei Milliarden Fahrgäste[1] freuen darf, und die Fernbusunternehmen nur auf einen Bruchteil dessen kommen. Denn hier stehen die ca. 5.700 Bahnhöfe[2] der deutschen Bahn, den 100-150 Städten, die von Fernbussen angefahren werden, gegenüber. Durch den hoch frequentierten Tagesverkehr der Bahn kommt ein Reisender relativ zügig von Stadt A zu Stadt B, selbst wenn er dadurch den Zug wechseln muss, entstehen kaum längere Aufenthaltszeiten als 60min. Die Fernbusunternehmen hingegen fahren weitaus weniger frequentiert, dadurch ist ein Umsteigen zwischen den Linien bislang noch nicht möglich. Somit kann man nur von Stadt A zu Stadt B fahren, wenn diese auf derselben Busroute liegen, wodurch das Angebot relativ gering ist. Allerdings sind die Fernbusunternehmen momentan im Begriff diese riesige Differenz beim Streckenangebot mit Nachdruck zu verringern. Während bei der Bahn die Zahl der Schienenkilometer leicht rückläufig ist, nehmen die Fernbusunternehmen regelmäßig neue Strecken in ihr Angebot auf. Ferner werden, durch die oben genannte Gesetzesänderung, weitere Fernbusunternehmen gegründet, die mit ihrem Streckennetz das Angebot verbessern. Beispielsweise hat der ADAC in Zusammenarbeit mit der deutschen Post ein solches Interesse angemeldet.[3]

---

[1] https://www.focus.de/finanzen/news/geschaeftszahlen-2011-fahrgast-und-umsatzrekord-bei-der-bahn_aid_729547.html, 28.01.13

[2] http://de.statista.com/statistik/daten/studie/13357/umfrage/anzahl-der-bahnhoefe-im-besitz-der-db-ag/, am 28.01.13

[3] http://www.adac.de/infotestrat/adac-im-einsatz/motorwelt/Fernbusse.aspx, am 29.01.13

Der an Studenten gerichtete Onlinefragebogen, mit einem 83%igen Anteil der 18-26 jährigen, wurde von 70% weiblichen und 30% männlichen Personen ausgefüllt (siehe Grafik1).

Grafik 1: Geschlecht und Altersstruktur

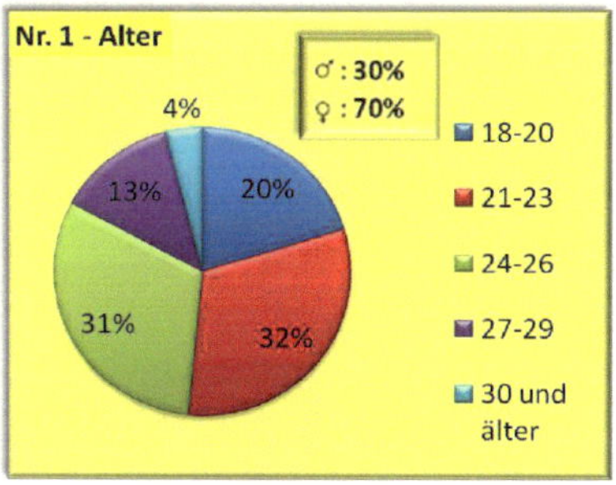

Quelle: Eigene Erhebung

Auf die Frage nach der generellen Präferenz des öffentlichen Verkehrsmittels auf einer längeren Fahrt innerhalb Deutschlands, bei identischer Reisezeit und Reisedauer, bekam die Bahn den meisten Zuspruch. Mehr als zwei Drittel (69%) geben ihr den Vorzug vor der Mitfahrgelegenheit (16%) und dem Fernbus (14%). Lediglich 2% nannten keinen Favoriten. Möglicherweise ist die hohe Bahnpräferenz historisch bedingt zu erklären. Da sich die Bahn im Verlauf mehrerer Jahrzehnte als zuverlässiges, sicheres und bequemes Verkehrsmittel etabliert hat. Dies in Verbindung mit der starken Präsenz in Deutschland, lässt den Großteil der Personen in erster Linie an die Bahn denken, wenn nach einer Alternative zum Pkw gefragt wird.

Ein anderes Bild zeigt sich, wenn Fernbus und Bahn unter dem aktuell angebotenen Preis-Leistungs-Verhältnis[4] verglichen werden. Als Beispiel wurde die Strecke Frankfurt München ausgewählt, für die der Fernbus 6 Stunden benötigt und die Bahn im Durchschnitt ca. 3,5 Stunden. Hier wurden 3 verschiedene Preiskonstellationen untersucht, wobei es sich jeweils um den Sparpreis (Frühbucher), Angebotspreis und den Normalpreis handelte. Beim Vergleich der beiden Sparpreise (Bus 9 Euro und Bahn 39 Euro) entscheiden sich 63,2% für den Bus, trotz der deutlich längeren Fahrzeit. Beim jeweiligen Angebotspreis (Bus 24 Euro und Bahn 59 Euro) sind es bereits 78,4%, die sich für den Bus entscheiden würden. Unter Normalpreisbedingungen (Bus 40 Euro und Bahn 95 Euro) sind es nur noch 5,9% der

---

[4] Stand: 29.01.13

4

Studenten, die trotz des 55 Euro Preisunterschieds die Bahn bevorzugen würden. Die überwiegende Mehrheit, 94,1% würden in diesem Fall mit dem Bus fahren (siehe Grafik 2).

Grafik 2: Präferenz bei aktueller Angebotssituation

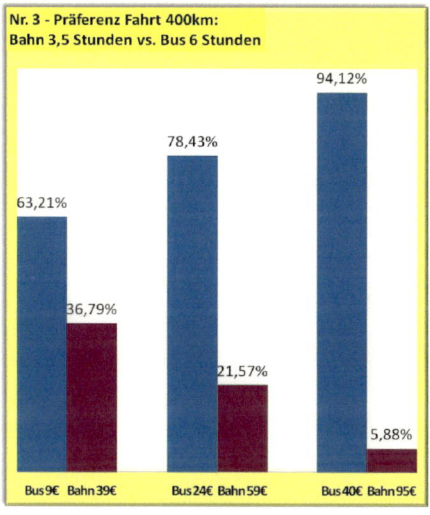

Quelle: Eigene Erhebung

Um etwas genauer herauszufinden, wo die Preisgrenze der Studenten liegt, bei der sie den Bus der Bahn vorziehen, wurde in der vierten Frage ein festgesetzter Buspreis (19Euro), unterschiedlichen Bahnpreisen (von 19 bis 79 Euro) gegenüber gestellt. Auch hier galten die 6 Stunden Fahrtdauer für den Bus und 3,5 Stunden für die Bahn. Das Ergebnis in Grafik 3 zeigt, dass nur ein geringer Teil von 20,76% bereit wären mehr als 30 Euro auf den Buspreis von 19 Euro draufzulegen um mit der Bahn fahren zu können. Für mehr als die Hälfte der Studenten (55,7%) sind bereits 20 Euro Preisunterschied ausreichend, um sich für den Bus zu entscheiden. Unter mehr als drei Vierteln (79,24%) der Studenten besteht die, ansonsten generelle Präferenz für die Bahn nur bis zu einem Preisunterschied von 30 Euro (im untersuchten Preissegment unter 100 Euro).

Grafik 3: Fixer Buspreis vs. Variabler Bahnpreis

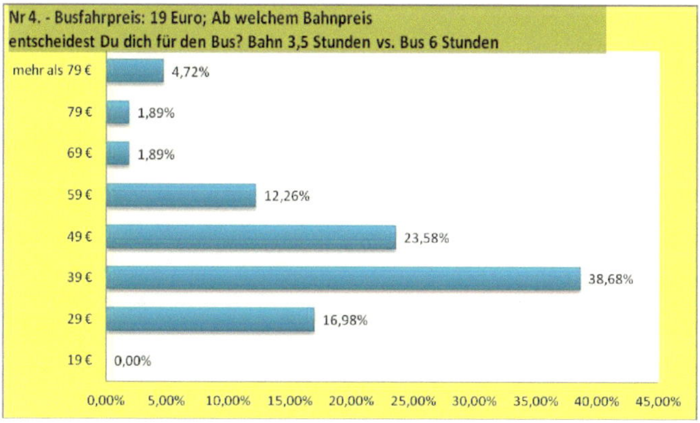

Quelle: Eigene Erhebung

Die teils hohe individuelle Preisgrenze resultiert bei einem Teil der Studenten sicherlich aus der Skepsis gegenüber dem „neuen", noch nicht bewährten Verkehrsmittel Fernbus. Die stärker werdende Präsenz von Fernbussen in Deutschland, in Kombination mit der Resonanz (evtl. auch aus dem Bekanntenkreis) der steigenden Anzahl an Fahrtgästen, sorgen bei vielen sicherlich führ zunehmende Akzeptanz, wodurch sie zukünftig wahrscheinlich bereits bei kleineren Preisunterschieden das Verkehrsmittel wechseln werden. Denn die, in einer Umfrage genannten Hauptgründe für die Nutzung der Bahn, „stressfrei / entspannt" und „Zeit besser nutzen"[5], sind beim Fernbus ebenfalls gegeben.

Neben den Merkmalen, wie Preis und Fahrtdauer, die für die Mehrheit der Zielgruppe Studenten sicherlich die wichtigsten darstellen, spielen Reisekomfortkriterien ebenfalls eine bedeutende Rolle. Deshalb wurden die Studenten darüber hinaus zu Komfortkriterien, wie garantierter Sitzplatz, Beinfreiheit, WLAN Zugang und Snacks und Drinks Angebot befragt. Auf einer Skala von 1 = völlig unwichtig bis 5 = sehr wichtig sollten sie ihre individuelle Wichtigkeit zuordnen. Auf den garantierten Sitzplatz (Wert 3,89) und die Beinfreiheit (Wert 3,53) wollen nur die wenigsten verzichten. Wobei der WLAN Zugang (Wert 2,56) und ein Snacks und Drinks Angebot (2,1) für viele kein besonders wichtiges Kriterium darstellen.

Des Weiteren wurde die Zahlungsbereitschaft für die untersuchten Reisekomfortkriterien untersucht. Im Blick auf die aktuelle Situation, ist festzustellen, dass bei der Bahn für einen garantierten Sitzplatz im ICE vier Euro bezahlt werden müssen und die Nutzung von WLAN

---

[5] http://www.fr-online.de/wirtschaft/deutsche-bahn-in-der-kritik-nicht-nur-das-ticketsystem-schreckt-ab,1472780,4440758.html, am 01.02.13

(sofern vorhanden), ebenfalls mit Kosten verbunden ist. Für WLAN Nutzung würden über die Hälfte (51%) der Befragten, kein Geld ausgeben. Beachtlich ist jedoch, dass bei einem Preis von zwei Euro auf einer vier stündigen Fahrt, 40% der Umfrageteilnehmer diesen Service in Anspruch nehmen würden (siehe Grafik 4).

Grafik 4: Komfortkriterium WLAN

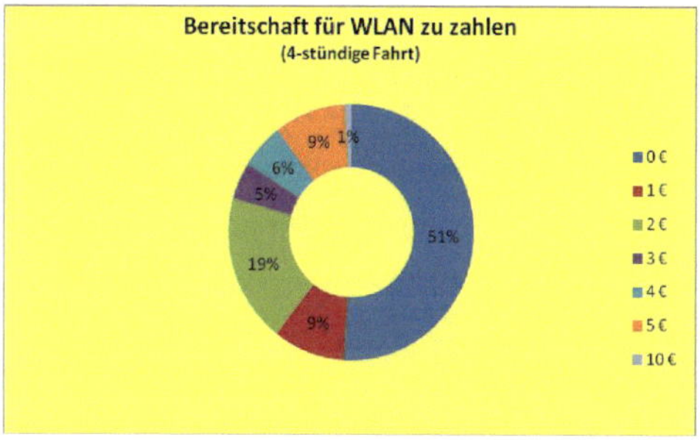

Quelle: Eigene Erhebung

Mit der steigenden Anzahl an internetfähigen Handys (Smartphones) und Tablet PCs, die in Deutschland verkauft werden, wird sich der Anteil der zahlungsbereiten Studenten eventuell noch leicht erhöhen. Sofern kostenfrei angeboten, wird das WLAN höchstwahrscheinlich von der Mehrheit der Fahrgäste als willkommener Service genutzt werden. Falls andererseits ein kleiner Zusatzbetrag für die Nutzung verlangt werden würde, bliebe es auch zukünftig sicherlich bei einem großen Teil von Personen, die den Service entweder gar nicht benötigen, oder als preisbewusste Kunden kein zusätzliches Geld ausgeben wollen.

Das genießen einer angenehmen Beinfreiheit ist 52% der Teilnehmer ebenfalls einen Zusatzbetrag wert. Gut einem Viertel (26%) ist dieses Komfortkriterium sogar einen Aufpreis von fünf Euro oder mehr wert. Für einen garantierten Sitzplatz bzw. eine Sitzplatzreservierung auf dieser Beispielfahrt, wären knapp drei Viertel (74%) bereit extra zu bezahlen (Grafik 5). Bei einem Preis von vier Euro würden sogar 42% diese Leistung in Anspruch nehmen.

Grafik 5: Komfortkriterium garantierter Sitzplatz

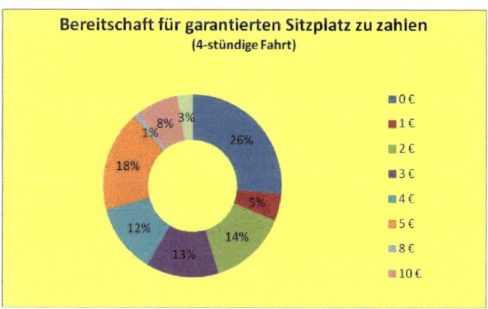

Quelle: Eigene Erhebung

Da bei den Fernbusunternehmen generell keine Karten über das Sitzangebot hinaus verkauft werden, ist die Sitzplatzgarantie im Preis miteinbegriffen. Mit der Frage wurde die Absicht verfolgt, die Wichtigkeit des Sitzplatzes zu quantifizieren, um eine exaktere Vorstellung über den Stellenwert des Sitzplatzes als Komfortkriterium zu bekommen. Eine derart hohe Zahlungsbereitschaft ist, aufgrund der oben genannten Hauptgründe, für das Bahnfahren durchaus nachvollziehbar. Im Stehen ist das Reisen sicherlich weniger entspannt als im Sitzen. Ähnliches gilt für das sinnvolle Nutzen der Zeit, was im Sitzen eindeutig besser möglich ist.

Die abschließende Frage diente dazu, herauszufinden, wie die Studenten dem Fernbus bei zukünftigen innerdeutschen Reiseplanungen gegenüberstehen. Wird der Bus als Verkehrsmittel in Betracht gezogen? Ein klares „Ja, auf jeden Fall" war die Antwort von 32% der Befragten. Wohingegen lediglich 7% dem Bus eine generelle Absage erteilten. Die Mehrheit, wollte sich in dieser Frage nicht festlegen. Zweifellos haben fehlende Erfahrungswerte, was den Fernbus betrifft, bei der Beantwortung dieser Frage eine Rolle gespielt. Denn beim Kauf eines Zugtickets ist die bevorstehende Leistung inklusive Reisekomfort detailliert bekannt, was bei den meisten Studenten auf den Fernbus nicht zutrifft.

Zusammenfassend lässt sich sagen, dass die Zielgruppe der Studenten den Fernbus als ernste Alternative zur Bahn in Betracht zieht. Das Preis-Leistungsverhältnis des Fernbusses wird von der Mehrheit der Befragten als das attraktivste Kriterium gesehen. Zwar besteht weiterhin eine generelle Präferenz für die Bahn, allerdings setzt der Fernbus dieser deutlich günstigere Fahrpreise entgegen. Dadurch wird der Großteil der Studenten überzeugt werden, zukünftig auf den Fernbus umzusteigen. Bei den Reisekomfortkriterien begegnen

sich die beiden Verkehrsmittel auf Augenhöhe, wobei das wichtigste Kriterium, die Sitzplatzgarantie, dem Fernbus einen leichten Vorteil verschafft.

Generell muss man jedoch berücksichtigen, dass es in den meisten Fällen, aufgrund der geringen Verfügbarkeit nicht möglich ist, die gewünschte Reisestrecke mit dem Fernbus zu absolvieren. Vor allem in den meisten mittelgroßen Städten (bis 100.000 Einwohner), die zwar einen Bahnhof besitzen, wird die Verfügbarkeit eines Fernbusangebots bis auf weiteres nicht gegeben sein. Somit ist der Fernbus aufgrund seines noch sehr spärlichen Streckenangebots, für viele Studenten vorerst keine Option.

5. Neue Erkenntnisse im Kontext des state-of-the-art

Bis auf eine Studie von Christian von Hirschhausen et al. mit dem Titel „Das Potenzial des Fernlinienbusverkehrs in Deutschland", aus dem Jahre 2008 ist zu diesem Themenbereich keine Literatur zu finden.

Die Studie kommt bei einer Marktsimulation, mit einer hohen Netzdichte des Fernlinienbusverkehrs, auf einen Fernbusanteil von 27,7%, der sogar den er Bahn von 19,4% übertrifft. Dieser Simulation wurde allerdings die Annahme einer gleichen Verfügbarkeit von Bus und Bahn zugrunde gelegt. Eine weitere Simulation, unter der Voraussetzung, dass der Fernbus nur Städte mit mehr als 100.000 Einwohnern bedient, spricht ihm dennoch einen Marktanteil von ca. 5% zu. „Damit kann sich der Fernlinienbus selbst unter der getroffenen Annahme, dass ein weitaus geringerer Teil der Bevölkerung Zugang zu den Fernbussen als zu Fernzügen und dem Pkw hat, im intermodalen Wettbewerb behaupten"[6]

Diese Untersuchungen nehmen keinen direkten Bezug auf den Vergleich Bus und Bahn. Zudem wurde der Privat-PKW in die Forschungen mit einbezogen. Deshalb lässt sich hier kein Vergleich zur vorliegenden Untersuchung ziehen. In einem Punkt gibt es jedoch Übereinstimmung. Hirschhausen et al. machen nicht Kriterien der Beförderungsleistung an sich, sondern die Verfügbarkeit als Hauptgrund für einen hohen potenziellen Marktanteil aus. Dies deckt sich in Bezug auf die Zielgruppe der Studenten mit der vorliegenden Arbeit, welche zeigt, dass angesichts der aktuellen Marktsituation, eine deutliche Mehrheit den Fernbus der Bahn vorziehen würde. Wodurch die Verfügbarkeit zum entscheidenden Faktor wird.

---

[6] Hirschhausen, C. et al., S.7

Quellenverzeichnis

Focus Money: 2011 zwei Milliarden Fahrgäste – Bahn steigert Gewinn um 25 Prozent.
URL: https://www.focus.de/finanzen/news/geschaeftszahlen-2011-fahrgast-und-umsatzrekord-bei-der-bahn_aid_729547.html

Statista GmbH: Entwicklung der Anzahl von Bahnhöfen im Besitz der Deutschen Bahn AG in den Jahren 2007 bis 2011.
URL: http://de.statista.com/statistik/daten/studie/13357/umfrage/anzahl-der-bahnhoefe-im-besitz-der-db-ag/

ADAC e.V.: ADAC plant neues Fernbusnetz.
URL: http://www.adac.de/infotestrat/adac-im-einsatz/motorwelt/Fernbusse.aspx

Frankfurter Rundschau: Nicht nur das Ticketsystem schreckt ab.
URL: http://www.fr-online.de/wirtschaft/deutsche-bahn-in-der-kritik-nicht-nur-das-ticketsystem-schreckt-ab,1472780,4440758.html

VON HIRSCHHAUSEN, Christian; WALTER, Matthias; HAUNERLAND, Fabian; MOLL Robert (2008): Das Potenzial des Fernlinienbusverkehrs in Deutschland.
URL: http://tu-dresden.de/die_tu_dresden/fakultaeten/fakultaet_wirtschaftswissenschaften/bwl/ee2/lehrstuhlseiten/ordner_publikationen/publications/wp_tr_15_hirschhausen_et_al_potential_fernlinienbusverkehr_deutschland.pdf